U0193285

带着**科学**去旅行

中国少年儿童百科全书

揭秘宇宙

梦学堂 编

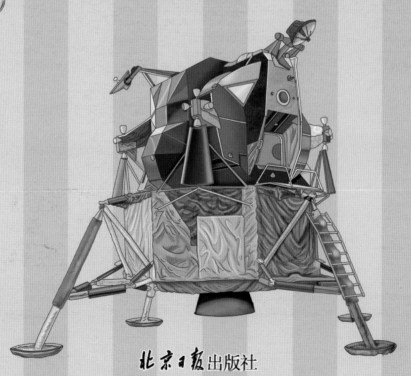

北京日报出版社

前言

孩子喜欢读什么书呢？这是每个家长都会问的问题。一本好看的童书一定是既新颖有趣又色彩丰富，尤其是儿童科普类图书。本套图书根据网络图书平台大数据，筛选了近五年来最热门的科普主题，包括动物、鸟类、昆虫、花草、树木、海洋、人的身体、天气、地球和宇宙十大高价值主题。

孩子的想象力既丰富又奇特，他们每天都会提出五花八门、千奇百怪的问题，很多问题连家长也难以解答。这时候就需要一套内容丰富、生动有趣，同时能够解答孩子疑惑的科普读物来帮忙。

本套图书采用全新的版式来编排，精美大气的高清彩图配上通俗易懂的文字，既生动亲切又新颖有趣。

为了让孩子尽可能地理解、记住抽象深奥的天文知识，本书精心设置了"天体小档案"板块，将书中最核心的知识归纳总结在上面，相当于老师在课堂上把重点内容写在小黑板上。孩子只要记住"天体小档案"里面的知识，就能记住整本书的核心知识。

此外，本书还设置了"科学探险队""你知道吗？""超厉害！""原来如此！"等丰富有趣的板块，让孩子开心地跟随书中的小主人公一起去探索神秘的宇宙。

衷心期待本书能在孩子心中播下科学的种子，让孩子健康快乐地成长。

科学探险队

米小乐

不太爱学习的男孩，调皮、贪玩，对各种动物，尤其是海洋动物和昆虫感兴趣，好奇心强。

菲菲

对科学很感兴趣的女孩，学习认真，喜欢各种植物，特别是花草。

袋袋熊

贪吃，憨态可掬，喜欢问问题，特别是关于鸟类和其他小动物的问题。

米小乐：菲菲，咱们这次科学探险，要前往什么地方？

菲　菲：这次咱们要乘坐宇宙飞船前往神秘而广袤的宇宙，采访灿烂的星空和各种恒星！

袋袋熊：哇！那咱们岂不是要穿梭星空了吗？

菲　菲：对，我们要走出地球，拜访太阳和月亮！

米小乐：哈哈，我很期待这次的科学探险，出发！

本书的阅读方式

简要介绍天体的基本知识。

说明天体的主要特征和起源。

"科学探险队"与天体亲密接触，在第一现场为大家讲解它们的神奇奥秘。

火星

火星是一个非常干燥的红色行星，它表面的岩石中含有大量的铁，当这些岩石因风化变成沙尘时，铁元素就被氧化成氧化铁，于是含有氧化铁的沙尘变成了红色，这就是火星为什么看起来是红色的。火星和地球一样，有四季的变化，它还有两颗卫星：火卫一和火卫二。

北极冰冠

天体小档案

到太阳的平均距离：
2.28 亿千米
直径：6800 千米
质量：约为地球的 1/9
公转周期：687 个地球日
自转周期：24.5 小时
表面重力：0.38 重力单位
卫星颗数：2 颗

南极冰冠

火星两极有永久性的白色极冠。北极冰冠厚度达 3 千米，主要由水冰组成。南极极冠更厚更冷，即使夏季也低至 -110 摄氏度，几乎完全由干冰（二氧化碳）构成。

火星有哪些特点？

火星是目前除地球之外，人类最有希望居住的行星，它虽然很寒冷，夏季白天最高温度可达 25 摄氏度，夜晚温度会急剧下降，冬季夜晚会降到 -100 摄氏度以下，但是相比其他行星，这已经算非常不错了。

火星上大气非常稀薄，主要成分是二氧化碳，此外还有氮气和氩气，氧气含量非常少。火星非常干燥，水很少，但有证据表明其表面曾经存在大量的水。火星地貌很复杂，有陨石坑、干冰山、火山、大峡谷、沙漠等。

火星上风很大，风速可达 400 千米/时，风带起大量沙尘卷到 1000 米的高空，形成可怕的沙尘暴，可持续数月。

火星上的奥林匹斯山是太阳系最大的火山，直径约 600 千米，高 26 千米，是珠穆朗玛峰的 3 倍。

为什么要探测火星？

到目前为止，人类已向火星发射了 26 艘航天器，累计成功着陆 11 次，是人类探测次数最多的行星。

探测火星有很多意义，火星与地球相似，是人类可以探索的距离较近的行星之一。大约 40 亿年前，火星与地球气候相似，也有河流、湖泊，甚至可能还有海洋，未知的原因使得火星变成了今天的模样。探索火星气候变化的原因，对保护地球的气候条件具有重大意义。

超厉害！
中国火星探测

2020 年 7 月 23 日，"天问一号"在海南文昌航天器发射场由长征五号遥四运载火箭发射升空。2021 年 2 月 10 日，"天问一号"与火星交会，成功进入环绕火星轨道。2021 年 5 月 15 日，"祝融号"火星车成功在火星表面软着陆，首次在火星留下中国印迹。

"天体小档案"总结了天体到太阳的平均距离，以及天体的直径、质量、重力、公转周期、自转周期等。

"超厉害！"等小板块进一步介绍天体的各种冷知识和与天体相关的有用的小知识。

介绍天体的各种现象和奥秘。

目录

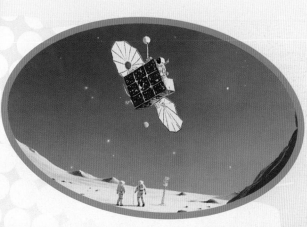

宇宙

宇宙无边无际，没有起点和终点，它包括天地间所有的一切：行星、恒星、星系，以及它们之间的空间和时间。空间、时间、物质和能量是宇宙的基本构成，其中物质包括未探明的神秘的暗物质、反物质，能量包括未探明的神秘的暗能量。

天体小档案

别名：九天、太虚、天外
年龄：大约 138 亿年
质量：未知
平均密度：未知
平均温度：约 −270 摄氏度
直径：未知

宇宙是怎样形成的？

宇宙最初是一个非常致密、温度极高的火球。在大约 138 亿年前，发生了一次大爆炸，时间、空间、物质都在这次爆炸中孕育诞生。又经过上亿年时间，大爆炸产生的碎片结合在一起，形成了各个星系及恒星等。

直到今天，宇宙还在膨胀、扩大。我们可以观测到，银河系外的其他星系都在不断地远离我们，这种移动并不是星系本身的运动，而是星系之间的空间在膨胀、伸展，才使得星系之间的距离越来越远。这也为宇宙大爆炸理论奠定了基础，这种理论目前已被大多数人所认可。

大爆炸最初 1 秒内产生了夸克和电子，夸克相互结合，形成了质子和中子，质子和中子结合，在 3 分钟内形成了几乎所有的氢原子核和氦原子核。

恒星是什么时候形成的？

宇宙大爆炸之后，大约过了 30 多万年，随着宇宙温度的降低，质子和原子核捕捉到电子，形成了原子。原子是可以独立存在的最小物质，它的中心是原子核，由质子和中子构成，周围围绕着电子。

大约 2 亿年后，氢气和氦气开始堆积在一起，形成巨大的气团。由于引力的作用，气团塌缩，形成了稠密的原子团，当原子团塌缩变热时，会自燃并形成第一代恒星。这些恒星很快又爆炸，产生新的恒星。宇宙大爆炸还创造了四种基本作用力：引力、电磁力、弱力和强力。引力使行星围绕恒星运行，电磁力是电荷或电流在空间中产生的相互作用力，弱力控制粒子的放射现象，强力使质子和中子凝聚在一起。

恒星

夜晚，我们在地球上看到的星星大部分是"恒星"，它们是依靠自身力量发光的天体。太阳也是众多恒星中的一个，而且是离我们最近的恒星。和人一样，恒星也有生命周期，有成长、衰老的过程。古代天文学家认为，恒星的位置是固定不变的，所以将其命名为"恒星"。其实恒星也在不停地旋转运动，只不过它们离我们太远，我们感觉不到它们的位置变动罢了。

恒星是怎样形成的?

宇宙空间分布着很多云雾状的星云，有些星云比较冷暗，会形成分子云。分子云通常由氢气、氮气、一氧化碳、尘埃颗粒等物质组成。不是所有分子云都能形成恒星，只有当分子云的某些区域的质量足够大，也就是它们的区域内物质的引力大于其自身的气体压力时，才可能发生收缩，进一步形成恒星。

另外，分子云还要经历某种扰动，并使云核不断碎裂、收缩，比如受到邻近恒星死亡时爆发产生的冲击波。这样，分子云的云核就会变得越来越致密，温度也越来越高。当温度达到

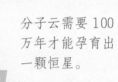
分子云需要100万年才能孕育出一颗恒星。

1000万摄氏度时，就会发生热核聚变反应。于是，一颗新的恒星诞生了。

恒星的生命历程是怎样的?

刚刚诞生的恒星叫作原恒星，它会慢慢长成主序星，主序星阶段占据恒星寿命的90%，它几乎以不变的恒定光度发光发热。

中等质量的主序星衰老后会膨胀变成红巨星，红巨星进一步衰老，会抛射外壳变成暗淡的白矮星。而大质量的主序星衰老后，会膨胀变成红超巨星，红超巨星进一步衰老，就会发生超新星爆炸，变成中子星或黑洞。

中子星

中子星是由超新星爆炸产生的。超新星爆炸是红超巨星在生命即将终结时所产生的大爆炸，通常主序星时期质量是太阳8~30倍的红超巨星，发生超新星爆炸后，中心部分有时会留下小而重的天体——中子星。中子星非常小，直径大约10千米，可是质量却相当于整个太阳，这是因为它的密度非常大，在宇宙中仅次于黑洞。

天体小档案

半径：10 ~ 20 千米

质量：1.35 ~ 2.1 倍太阳质量

密度：8×10^{13} ~ 2×10^{15} 克 / 立方厘米

自转周期：0.01 ~ 30 秒

表面温度：110 万摄氏度

中子星是脉冲星吗?

脉冲星是指旋转时发出脉冲辐射的中子星,中子星不一定是脉冲星,但脉冲星一定是中子星,有脉冲的中子星才叫脉冲星。

从地球上观察,脉冲星的辐射就像灯塔发出的光芒,它会迅速划过夜空。地球上能接收到的脉冲星的辐射包括无线电信号、可见光、X射线和伽马射线。

中子星的外壳非常坚硬,是钢的100亿倍,一茶勺中子星物质质量就达到10亿吨!

磁星是什么星?

磁星也是一种中子星,它的磁场能量相当于普通中子星的1000倍。磁星是宇宙中磁性最强的天体,它所产生的磁场是普通磁铁的10万亿倍。科学家认为,磁星具有如此强大的磁力的原因大概是磁星刚诞生时它的超高速的旋转,达到300~500次/秒。

黑洞

黑洞和中子星一样，也是由超新星爆炸产生的。当主序星时期质量超过太阳30倍的红超巨星生命步入终结，发生超新星爆炸，中心区域由于无法承受自身的重量，会被挤压到极限，于是形成了黑洞。黑洞的引力非常强大，任何东西一旦靠近都无法逃脱，包括光。

天体小档案

宇宙中密度最大的物体

按大小分类：超大质量黑洞（100万倍～100亿倍太阳质量）、中等质量黑洞（100～100万倍太阳质量）、恒星级黑洞（3～100倍太阳质量）、微型黑洞（半径小于0.1毫米）

奇点：死亡恒星的质量被压缩到一个零大小和无限密度的单一点

数量：宇宙可能存在1000亿个超大质量黑洞

黑洞能看见吗？

黑洞本身不发光，无法被直接观测，但是科学家可以通过观测一种现象来证明黑洞的存在。如果黑洞附近有恒星，这颗恒星的气体就会被黑洞吸进去。这时，在黑洞的周围就会形成叫作"吸积盘"的气体盘，没有被吸进去的气体和尘埃会成为物质流，沿上下方向从黑洞的中心喷出。

科学家通过研究认为，包括银河系在内的大多数星系的中心都存在超大质量黑洞。

如果地球变成黑洞，它将被压缩成直径只有2厘米的球体。

人掉进黑洞会怎样？

物体如果掉进黑洞，会被拉伸成一个原子的宽度。如果一个人脚朝下掉进黑洞，他会感受到一种引力，这种引力对他的脚的拉动比头部更加强烈。这种拉伸越靠近黑洞就会越强烈，最后人将会被这种无法抗拒的力拉碎。

一旦掉进黑洞，人是无法反抗的，当你想试图逃离时，也只能在黑洞的边缘盘旋一瞬间，最终你会消失在黑洞里。

银河系

　　晴朗的夜晚，当我们仰望天空时，不仅能看到无数闪闪发光的星星，还能看到一条淡淡的、纱巾似的光带，看起来白茫茫的，像天空中的一条大河，从东北向西南方向划开整个天空，那就是银河，也是天文学上所说的银河系。

天体小档案

类型：棒旋星系（旋涡星系的一种）

年龄：约 130 亿年

质量：约 8050 亿个太阳质量

银盘半径：约 10 万光年

主要成分：恒星、尘埃、气体、黑洞、暗物质等

银河系有几条旋臂和多少颗恒星？

根据最新研究，银河系具有四条清晰明确且相当对称的旋臂：人马座旋臂、猎户座旋臂、英仙座旋臂、三千秒差距臂，旋臂之间相距约 4500 光年。银河系包含着大量的恒星、星团、星云等，其中恒星的数量为 1000 亿～4000 亿。

银河系就像一个巨大的轮子，当它转动时，所有的恒星也会围绕它的中心转动。

银河系由几个部分组成？

银河系的结构从内到外依次是银心、银核、银盘、银晕和银冕。

根据天文学家的研究，银心其实是一个超大质量黑洞。在这个黑洞周围，存在着大量的气体和尘埃云，它们是形成恒星所需要的材料。银核是银河系中央略为凸起的部分，是一个很亮的球状体，直径约 2 万光年，厚约 1 万光年，该区域由高密度的恒星和星际物质组成，其中主要是年龄在 100 亿年以上的老年红色恒星。银核的活动十分剧烈。银盘是一个薄而密的恒星盘，厚度为 2000 多光年，半径为 10 万光年，包括除最密集区域之外的所有物质。银盘外面还有物质密度更低的银晕和银冕。

太阳在哪里？

我们的太阳位于银河系猎户座旋臂的内侧，距离银河系中心约 2.8 万光年，它大约需要 2.5 亿年才能绕银河系中心旋转一周。

太阳系

太阳系是我们人类生活的星系，它包括太阳和八大行星（水星、金星、地球、火星、木星、土星、天王星、海王星），以及至少170多颗已知的卫星、5颗已经辨认出的矮行星和数以亿计的太阳系小天体。

天体小档案

年龄：约 46 亿年

质量：略大于一个太阳质量

位置：银河系猎户座旋臂

轨道周期：约 2.5 亿年绕银河系中心旋转一周

轨道速度：220 千米 / 秒

太阳系是怎样形成的？

太阳系是由一团巨大的分子云形成的，分子云一开始就在自转，并在自身引力作用下收缩，中心部分形成太阳，外部演化成被称为"太阳星云"的星云盘，太阳星云最后形成太阳系的行星。

太阳星云中有很多尘埃和冰粒，其中一些会发生碰撞、合并，使小颗粒变成直径数千米的块体，被称为"星子"。星子在不同的太阳星云区域形成不同的行星。比如，较热的区域形成岩石行星，较冷的区域形成气体行星。

太阳系有4颗岩石行星：水星、金星、地球和火星，还有4颗气体行星：木星、土星、天王星和海王星。

什么是矮行星？

矮行星又被称为"侏儒行星"，体积介于行星和小行星之间，围绕恒星运转，近似球形，但不像行星那样能够清除轨道附近的大型物体，矮行星的轨道附近仍有很多大型物体。

目前，太阳系已知的矮行星主要有5颗，分别是冥王星、阅（xì）神星（最大的矮行星）、谷神星、妊（rèn）神星和鸟神星。

你知道吗？

行星的定义

在2006年举行的第26届国际天文学联合会大会上对行星下了定义："行星"指的是围绕太阳运转，呈圆球状，并且能够清除其轨道附近其他物体的天体。一颗不是卫星的天体如果只满足前两个准则，将被分类为矮行星。

太阳

太阳是太阳系的核心，也是目前人类赖以生存的恒星，没有太阳，地球上就不会有生命存在。太阳非常大，它的体积比地球大130万倍，质量比地球大33万倍。太阳从表面到中心，全都由气体构成，其中大部分是氢气和氦气。

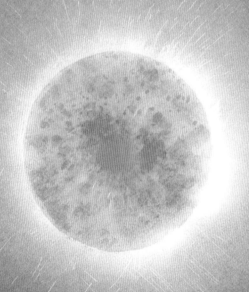

天体小档案

年龄：约46亿年

直径：140万千米

质量：33万个地球质量

表面温度：约5500摄氏度

中心温度：约1500万摄氏度

地球到太阳的平均距离：

1.5亿千米

什么是太阳黑子？

太阳黑子是太阳的光球表面温度较低的区域，是磁场聚集的地方。黑子的出现是由于太阳磁场区域的变化影响热量到达表面，从而形成的低温区域。

太阳表面可以看到的最突出的现象就是黑子，一个中等大小的黑子大概和地球大小差不多。其数量和位置每隔一段时间都会发生周期性变化。

据统计，地球上天气或气候反常均与太阳黑子的活动有密切关系。

太阳黑子的活动周期通常是 11 年，当它活动频繁时，地球上容易出现极光、磁暴和电磁干扰等现象。

什么是太阳耀斑？

太阳耀斑是一种剧烈的太阳活动，是太阳能量高度集中释放的过程。太阳耀斑通常发生在色球层中，所以也叫"色球爆发"。其主要特征是，太阳表面突然出现迅速扩散的亮斑闪耀，持续时间只有几分钟到几十分钟，亮度上升迅速，但下降较慢。特别是在太阳活动峰年，耀斑出现频繁且强度变强。

太阳耀斑释放的能量非常巨大，相当于 10 万至 100 万次强火山爆发的总能量，或者上百亿枚百吨级氢弹爆炸所释放的能量。

长知识了！

速度超快的太阳风

太阳风是指从太阳上层大气射出的超声速等离子体带电粒子流。它的速度高达 800 千米 / 秒，太阳风的成分并不是气体，而是比原子还小的质子和电子，由于流动时所产生的效应与空气流动十分相似，所以被称为"太阳风"。

太阳内部

太阳是一座超级巨大的核电站，它的内核可以产生无比巨大的能量，这些能量穿过太阳内部，到达太阳表面，然后以可见光和热能的形式辐射到太空。如果没有太阳辐射，地球将会变成一个无比冰冷的"冰球"。

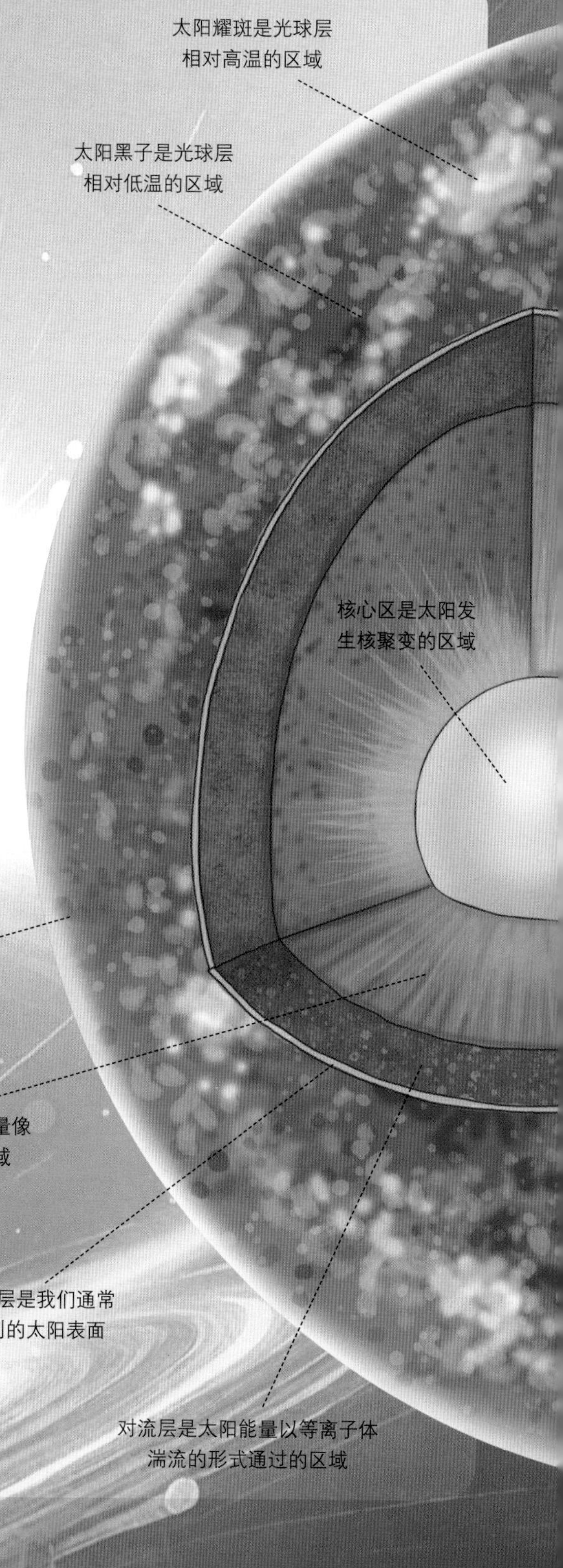

太阳耀斑是光球层相对高温的区域

太阳黑子是光球层相对低温的区域

核心区是太阳发生核聚变的区域

色球层是光球层上面一层的大气

辐射区是太阳能量像光一样穿过的区域

光球层是我们通常看到的太阳表面

对流层是太阳能量以等离子体湍流的形式通过的区域

太阳是怎样进行核聚变的?

太阳的核聚变反应是在太阳内部高温高压条件下进行的,高温高压首先使两个质子(氢原子核)发生碰撞,形成一个氘(dāo)核(氢的同位素)和一个正电子。这一过程会释放出大量能量,并以光和热的形式在太阳内部传输。

然后,氘核与另一个质子发生碰撞,形成一个氦-3核。这一过程也会释放出大量能量。接着氦-3核再与另一个氦-3核碰撞,形成了一个氦-4核和两个质子。这一过程会释放少量能量。

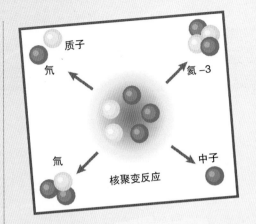

核聚变反应

太阳核聚变总结起来共三步:①质子－质子链反应;②核融合;③氦-3链反应。

太阳会自转吗?

太阳和行星一样围绕其自转轴旋转。但由于太阳是一个气体星球,而不是像地球一样的固体,它的自转周期随纬度的变化而变化。赤道附近区域的自转速度最快,自转一周大约需要 25 天,而在两极附近自转一周则需要 35 天。

太阳内部由于不是固体而是热等离子体,所以也会发生自转,它们在赤道和两极之间漂流。当等离子体漂向两极时,会来到太阳表面附近,而向赤道漂流时,会向太阳内部移动。

你知道吗?

利用核聚变反应,每秒钟太阳会将5亿多吨氢原子转化为氦原子,也就是说,太阳每燃烧1秒钟,所释放的能量可以满足地球上所有生命生存1000年!

水星

　　水星是离太阳最近的行星，也是太阳系八大行星中最小的行星，它只比月球大一点。水星的名字里虽然带"水"，可上面并没有水。水星是一个冰火两重天的星球，它的一面非常炙热，温度超过 400 摄氏度，而另一面却非常寒冷，温度则低于 −180 摄氏度。

天体小档案

到太阳的平均距离：
5800 万千米

直径：4880 千米

质量：约为地球的 1/18

表面重力：约为 0.4 重力单位

公转周期：约为 88 个地球日

自转周期：约为 59 个地球日

　　水星的名字和中国古代的五行学说有关系。西汉历史学家司马迁在观察水星时发现它是灰色的，灰色近于黑色，黑色属水，因此将其命名为水星。

水星有哪些特点?

水星上的大气层非常稀薄,这使它很难留住热量,这是造成水星上温差较大的一个因素。另外,水星的自转轴近乎垂直,所以水星上没有四季变化。由于水星自转非常慢,所以水星上一次日出和下一次日出之间的间隔长达176个地球日,也就是说,在炎热的白天持续了约88个地球日后,寒冷的夜晚也会持续约88个地球日。

水星的密度非常大,除了地球,它的密度在太阳系中是最大的,它的内核由铁和镍组成,外部覆盖着石质的地幔和外壳。

水星表面虽然没有水,不过有人认为在水星的南极和北极的环形山下方可能有很多水。

为什么很难看到水星?

水星离太阳很近,与太阳之间的距角只有28°,而且其轨道在太阳系内部,因此常常被明亮的阳光掩盖。在地球上,我们只能在日出和日落时才能观测到水星,因为此时太阳光比较微弱,水星能够显现出来。

水星的轨道是椭圆形的,与太阳的距离会不断变化,这使得水星的亮度也会不断变化。有时候水星离太阳较远,亮度比较暗淡,观测起来比较困难。

金星

金星是距离太阳第二近的行星，其轨道位于地球与水星之间。金星是夜空中最明亮的行星。金星大气层中的主要成分是二氧化碳和氮气，以及少量其他元素。金星上并没有金子。金星的地壳主要由硅酸盐矿物组成，核心可能由以铁和镍为主的半固体组成。

石质地幔 ------ 硅酸盐地壳

半固体的铁
和镍内核 ------

天体小档案

到太阳的平均距离：
1.08 亿千米

直径：12100 千米

质量：约为地球的 4/5

表面重力：约为 0.9 重力单位

公转周期：224.7 个地球日

自转周期：243 个地球日

金星上最高的山名叫麦克斯韦山脉，海拔 12 千米，比珠穆朗玛峰还高。

金星有哪些特点？

金星是离地球最近的行星，且大小、质量与地球很接近，所以被称为"地球的姐妹星"。虽然离地球很近，但金星绝对不适合旅行，因为那里的气候异常酷热。金星表面覆盖着一层厚厚的大气，大气中绝大部分是令人窒息的二氧化碳和硫化物，这使得太阳热量无法散失，导致热量不断积聚，温度不断升高，到达惊人的400摄氏度以上。

另外，金星是八大行星中唯一顺时针自转的行星，在金星上看太阳，是西升东落。金星上的风速也非常高，平均可达350千米/时，是太阳系中平均风速最高的行星。

金星有一个非常美丽的名字叫"维纳斯"，是用罗马神话中爱神的名字命名的。

金星为什么会发光？

金星在中国古代又叫启明星、长庚星、太白金星。其名字与水星一样，跟五行学说有关。西汉司马迁在观测金星时发现，金星的颜色为白黄色，白属金，于是将其命名为金星。金星之所以发光是因为金星表面有一层厚厚的大气，成分主要是二氧化碳、水蒸气、二氧化硫等，而二氧化硫能够强烈地反射阳光，所以金星看起来发出金光。

真可怕！

金星的大气层厚度是地球大气层厚度的90倍，大气压力也是地球表面大气压力的90倍，这种高压环境使得金星表面非常不稳定，存在着极端的风暴和气旋。

地球

地球是目前人类赖以生存的家园，它是一颗被称为"奇迹"的星球，因为它表面有大量的液态水和丰富的氧气，为人类和各种动植物提供了生存环境。地球并不是规则的球体，而是一个两极略扁、赤道稍鼓的不规则椭圆球体。地球还有厚厚的大气层，可以使地球免遭宇宙射线的辐射和陨石的伤害。

天体小档案

到太阳的平均距离：
1.5 亿千米

赤道半径：6378 千米

质量：5.97×10^{24} 千克

公转周期：365.24 天

自转周期：23 小时 56 分 4 秒

表面重力：1 重力单位

地球有哪些特点？

地球是距离太阳第三近的行星，这个距离非常合适。如果再近一点，高温会使水分蒸发。如果再远一点，气温会降低，水会结冰。这样一来，人类和其他生物都无法生存。

地球表面 71% 都被海洋覆盖，陆地上还有大大小小的江河湖泊，从拥有如此丰富的水资源来看，地球可谓是名副其实的"水星"。地球上还有大气层，由氮气、氧气、二氧化氮等物质构成，这是生物赖以生存的珍贵物质。动物吸入氧气进行呼吸，植物利用二氧化碳进行光合作用。大气层还能阻挡紫外线等有害物质，并使地球的表面温度维持在稳定水平。

地球还有一颗天然卫星，叫月球，它是太阳系第五大卫星。

地球上的极光是怎样产生的？

地球具有很强的磁场，当来自太阳的带电高能粒子沿着磁场较弱的地方进入地球时，就会与高层大气（热层）中的原子发生碰撞，从而发出美丽的光芒，这就是极光。极光常出现于纬度靠近地磁极地区上空，一般呈带状、弧状、幕状。

长知识了！

地球就像一块无比巨大的磁铁，它的磁极位于地理上的北极和南极附近。地球磁场可以阻止太阳风中的高能粒子侵蚀地球的大气层，从而保护地球的生态环境，还可以保护卫星和航天员免遭太阳粒子暴的侵害。

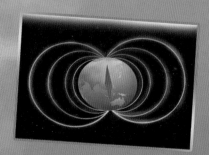

火星

火星是一个非常干燥的红色行星，它表面的岩石中含有大量的铁，当这些岩石因风化变成沙尘时，铁元素就被氧化成氧化铁，于是含有氧化铁的沙尘变成了红色，这就是火星为什么看起来是红色的。火星和地球一样，有四季的变化，它还有两颗卫星：火卫一和火卫二。

北极冰冠 -

天体小档案

到太阳的平均距离：
2.28 亿千米

直径：6800 千米

质量：约为地球的 1/9

公转周期：687 个地球日

自转周期：24.5 小时

表面重力：0.38 重力单位

卫星颗数：2 颗

- - - - - - - - - - - - - - - - - - - 南极冰冠

火星两极有永久性的白色极冠，北极冰冠厚度达 3 千米，主要由水冰组成，南极冰冠更厚更冷，即使夏季也低至 –110 摄氏度，几乎完全由干冰（二氧化碳）构成。

火星有哪些特点？

火星是目前除地球之外，人类最有希望居住的行星，它虽然很寒冷，夏季白天最高温度可达 25 摄氏度，夜晚温度会急剧下降，冬季夜晚会降到 -100 摄氏度以下，但是相比其他行星，这已经算非常不错了。

火星上大气非常稀薄，主要成分是二氧化碳，此外还有氮气和氩气，氧气含量非常少。火星非常干燥，水很少，但有证据表明其表面曾经存在大量的水。火星地貌很复杂，有陨石坑、干冰山、火山、大峡谷、沙漠等。

火星上风很大，风速可达 400 千米/时，风带起大量沙尘卷到 1000 米的高空，形成可怕的沙尘暴，可持续数月。

火星上的奥林匹斯山是太阳系最大的火山，直径约 600 千米，高 26 千米，是珠穆朗玛峰的 3 倍。

为什么要探测火星？

到目前为止，人类已向火星发射了 26 艘航天器，累计成功着陆 11 次，是人类探测次数最多的行星。

探测火星有很多意义，火星与地球最相似，是人类可以探索的距离较近的行星之一。大约 40 亿年前，火星与地球气候相似，也有河流、湖泊，甚至可能还有海洋，未知的原因使得火星变成了今天的模样。探索火星气候变化的原因，对保护地球的气候条件具有重大意义。

超厉害！

中国火星探测

2020 年 7 月 23 日，"天问一号"在海南文昌航天发射场由长征五号遥四运载火箭发射升空。2021 年 2 月 10 日，"天问一号"与火星交会，成功进入环绕火星轨道。2021 年 5 月 15 日，"祝融号"火星车成功在火星表面软着陆，首次在火星留下中国印迹。

木星

木星是太阳系最大的行星，其质量比太阳系其他 7 颗行星的质量总和还大 2.5 倍。它主要由氢气和氦气组成，所以是一颗气体行星。木星身上有非常鲜艳的大红斑，这是大型风暴所形成的旋涡。木星表面很冷，气温低达 −140 摄氏度，不过越接近内核温度越高。

■■■■■■■■■ 天体小档案

到太阳的平均距离：

7.8 亿千米

直径：143000 千米

质量：约为地球的 318 倍

公转周期：11.86 个地球年

自转周期：9.93 小时

表面重力：2.53 重力单位

卫星颗数：92 颗

木星的卫星非常多，目前已知的卫星数量多达 92 颗，除了 4 颗较大的伽利略卫星（木卫一、木卫二、木卫三、木卫四，1610 年由意大利科学家伽利略发现），其余都是较小的卫星。

木星有哪些特点?

木星非常巨大，体积相当于 1300 个地球，表面有红、褐、白等条纹图案，还有非常醒目的大红斑，这是一团沿逆时针方向运行的上升气流，速度非常快，高达 45000 千米 / 时。由于气流中含有大量的磷化物，所以发红。

木星还有强大的磁场和辐射带，大气中也有极光现象，木星自己还能反射一部分光。木星可能处于恒星和类地行星之间。

木星也有行星环，只不过又窄又薄，在地球上无法看清。

木星会变成第二个太阳吗?

木星大气中的 90% 是氢气，其余大部分是氦气和一些氢化物，如甲烷、氨气、水和乙烷。它的内部是液态氢和氦，还有金属氢，这与太阳的组成成分很相似。

虽然目前木星表面温度很低，可达到 −140 摄氏度，但是木星在不断地俘获太阳辐射的物质粒子。30 亿年后，木星的体积将变得和太阳差不多大，这时候，它的内部会因压力增大使得温度进一步上升，进而释放出巨大的能量，靠近它的行星有可能改变轨道，变成它的行星，这样木星就可能变成一颗大太阳。

土星

　　土星是太阳系第二大行星，体积、大小仅次于木星，它最醒目的特征是拥有漂亮的星环，看起来像戴着一顶大草帽。观测表明，构成土星星环的物质是碎冰块、岩石块、尘埃、颗粒等。土星的密度非常小，还没有水的密度大，因为土星主要是由气体构成的。

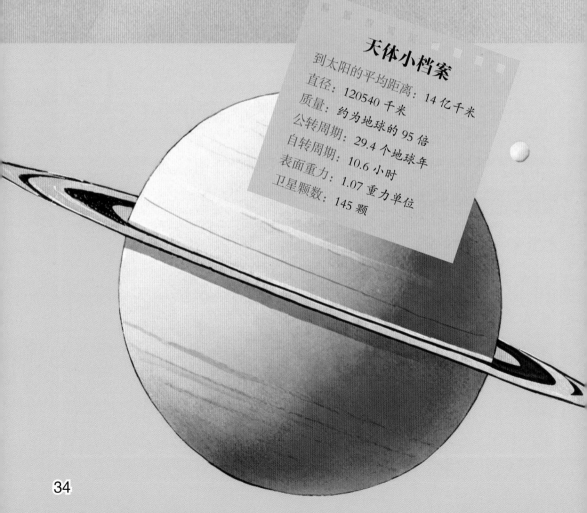

天体小档案

到太阳的平均距离：14 亿千米

直径：120540 千米

质量：约为地球的 95 倍

公转周期：29.4 个地球年

自转周期：10.6 小时

表面重力：1.07 重力单位

卫星颗数：145 颗

土星有哪些特点？

土星是太阳系密度最小的行星，它比水还轻，每立方厘米质量只有0.7克左右，而水的密度是每立方厘米1克，这意味着如果可以把它放入水中，它说不定可以上浮。土星的气体成分主要是氢气和氦气，这就是它大而轻的原因。

土星的光环数量非常多，有几百上千个，光环并不是一块圆盘状的板，而是由无数大大小小的冰和岩石颗粒汇聚而成的环绕土星运行的碎块。土星环的宽度能达到6万千米，可以轻松放下5个地球，但厚度只有几米到几十米，从侧面几乎看不见。

土星上处处是强大的龙风暴，其强度是地球上风暴的1000倍。

土星环是怎样形成的？

大多数科学家认为，土星环是由一颗或多颗卫星被撞碎形成的。这种观点指出，卫星之间相互碰撞，或者卫星被彗星或小行星撞击，会使卫星变成碎片和尘埃，并散落在土星周围。

但也有一些科学家认为，土星环是由碎片、宇宙尘埃、彗星和小行星在土星附近形成的。土星有着巨大的引力和磁场，可以把这些物体拉向自己，并把它们锁定在围绕自己的旋转轨道上。

你知道吗？

土星是拥有卫星数量最多的行星，号称"卫星之王"。其中，最大、最奇特的卫星是土卫六，是太阳系唯一拥有大气的卫星，土卫六的大气像地球大气一样富含氮，不过它非常寒冷，并不适合生存。

天王星

天王星是太阳系第三大行星，由于离太阳太远，天王星表面非常寒冷，其表面温度有时会低于 –200 摄氏度。天王星看起来像一个圆圆的青色大鸭蛋，它的主要成分是氢气、氦气、甲烷等，由于温度很低，这些气体与水融合形成厚厚的冰，所以，天王星又叫冰巨星、巨型冰团。

天体小档案

到太阳的平均距离：
28.7 亿千米

直径：51120 千米

质量：约为地球的 15 倍

公转周期：84 个地球年

自转周期：17.25 小时

表面重力：0.89 重力单位

卫星颗数：27 颗

天王星有哪些特点？

天王星是一颗近代才被发现的行星，虽然它的亮度肉眼可见，但由于较为暗淡，一直未被前人发现，并且在相当长的时间里被误认为是恒星。直到1781年，英国天文学家威廉·赫歇耳用天文望远镜才发现了它，并确认它是一颗行星。

天王星最特别的一点是，它是"躺"着自转，而不是像其他行星那样"站"着自转。其原因可能是天王星受到了巨大天体的撞击，导致自转轴倾斜。

天王星也有星环，只不过它的星环颜色很淡，而且很薄，在地球上看不到。

天王星有13道星环，它们是由冰和岩石颗粒汇聚而成的。

天王星有什么样的内部结构？

天王星主要由岩石与各种成分不同的水冰物质组成，其主要元素是氢（占83%），其次是氦（占15%）。天王星内部有三层结构，最外层是由氢、氦等气体构成的大气，中间是水、甲烷和氨构成的冰层地幔，核心是岩石和冰。

没想到吧！

天王星非常大，体积是地球的67倍。它绕太阳旋转一周要花费84个地球年，由于是"躺"着运行，阳光只能轮流照射南北两极，所以它没有四季。当南极被照射时，北极就陷入长达42年漫长的黑暗。反过来也一样。

海王星

海王星和天王星一样，是一颗冰巨星，也是离太阳最远的行星。海王星像地球一样蓝，因为它的大气中含有大量甲烷，这种气体吸收了太阳的红色光，剩下蓝色光。海王星表面有非常醒目的大黑斑，这是由时速高达 2000 千米的风暴形成的。

天体小档案

到太阳的平均距离：
45 亿千米
直径：49500 千米
质量：约为地球的 17 倍
公转周期：165 个地球年
自转周期：16 小时
表面重力：1.13 重力单位
卫星颗数：14 颗

海王星有哪些特点?

海王星是一颗极为寒冷的行星,因为它离太阳太远了,所接收的光和热只有地球的1/900,导致其表面温度低至 -220 摄氏度。

海王星的主要成分与天王星差不多,也是由氢气、氦气、甲烷等气体组成,不过海王星的大气比较活跃,形成了许多大风暴,产生了太阳系最快的风,风速高达 2000 千米 / 时,比声速都快。

海王星也有星环,只不过又暗又窄,几乎无法被观测到。星环内部有4颗小卫星,其中海卫六和海卫五对环中的粒子有保护作用,使它们的两个环保持一定的形状。

海王星是 1846 年由德国天文学家约翰·伽勒发现的。

海王星上的大黑斑是怎样形成的?

海王星上的大黑斑是一种极端强烈的大气扰动,也就是风暴。它通常呈现为一个巨大的暗斑,直径有数万千米,体积比整个地球还要大。这些暗斑分布在海王星的磁极附近,这里的气流速度可以达到海王星风速的几倍到几十倍。正是这种强烈高速的气流扭曲并拉伸了海王星表面的云层和大气层,形成了黑斑。

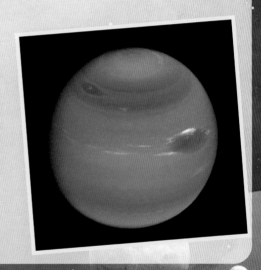

长知识了!

海卫一

海卫一是海王星最大的卫星,它比月球要小,但是比矮行星冥王星大。海卫一非常冷,是太阳系被测量的温度最低的天体,温度低至 -235 摄氏度。

冥王星

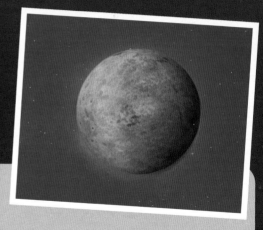

冥王星曾经是太阳系第九大行星，但是由于体积较小，重力较弱，在 2006 年被重新划定为矮行星。它不像八大行星那样按照近似圆形轨道运行，而是按照椭圆形轨道运行。冥王星主要由岩石和冰组成，质量相对较小，仅为月球质量的 1/6、月球体积的 1/3。冥王星表面非常冷，即使在夏季，其表面温度依然低至 −230 摄氏度。

天体小档案

到太阳的平均距离：59 亿千米

直径：2304 千米

质量：约为地球的 1/500

公转周期：248 个地球年

自转周期：6.4 个地球日

表面重力：0.06 重力单位

卫星颗数：5 颗

冥王星有哪些特点？

冥王星是一个被严重冻结的星球，它的大气非常稀薄，主要成分是氮气、甲烷、一氧化碳。冥王星的冬季非常漫长，长达200个地球年，这时连大气都会被冻结，整个星球表面都覆盖着氮冰和甲烷。

冥王星的公转轨道与其他行星有很大不同。其他行星的公转轨道都是近圆形，而冥王星的公转轨道却是椭圆形。有时候，冥王星与太阳的距离比海王星还近，在近日点，它到太阳的距离是地球的30倍，在远日点，它到太阳的距离是地球的50倍。

冥王星非常昏暗，即使在白天，那里看起来也像黑夜，它上面的亮度是地球上亮度的千分之一。

为什么冥王星被开除了行星星籍？

2006年，国际天文学联合会在第26届国际天文学联合会大会上通过了一项关于行星定义的决议。根据该决议，将太阳系中的物体视为行星需具有三个条件：

1.天体必须绕太阳公转。2.质量必须足够大，来克服固体引力以达到流体静力平衡的形状（近于球体）。3.天体必须清除其公转轨道附近的物体。

冥王星满足前两个条件，但不满足第三个条件，因为它的公转轨道和海王星有交集，而且其质量和引力也非常小。

你知道吗？

冥王星最大的卫星是冥卫一，它可能是由从冥王星上脱落下来的碎片形成的，而另外两颗卫星冥卫二和冥卫三可能是太阳系形成时的岩石碎片，后来被冥王星捕获。

月球

月球是人类最熟悉也是离地球最近的地外天体。它非常明亮、美丽，亮度仅次于太阳，但是本身不发光，而是靠反射太阳光来产生亮度。月球是地球唯一的天然卫星，它没有大气，表面有很多环形山，还有看起来像兔子的月海，月海中并没有水，只是一片低陷地带。

天体小档案

到地球的平均距离：
384400 千米

直径：3476 千米

质量：约为地球的 1/81

公转周期：27.32 天

自转周期：27.32 天

表面重力：0.17 重力单位

月球有哪些特点?

月球上没有大气层,且其表面温差很大。白天,月球表面温度高达 120 摄氏度,夜晚则急剧降低到 -150 摄氏度以下。月球和地球内部结构一样,也有壳、幔、核等分层结构。最外层月壳平均厚度约为 60 千米,下面的月幔占据了月球的大部分体积。

月球并不是绕着地球旋转,而是地球与月球互相绕着对方旋转,两个天体绕着地表以下 1600 千米处的共同引力中心旋转。月球表面有许多独特的地形特征,如环形山、熔岩平原、断崖、碎石区、龙卷风坑和溅射区。这些特征大多是由撞击事件、火山喷发和气流形成的。

地球自转会越来越慢吗?

由于月球对地球也有引力,这种引力叫潮汐引力,所以地球的自转速度会逐渐减慢。潮汐引力还会导致部分地球自转的角动量转变为月球绕地球公转的角动量,其结果是月球以每年约 38 毫米的速度远离地球,同时地球的自转越来越慢,一天的时间每年变长 15 微秒。

由于月球自转和公转同步,所以它对着地球的一面始终是不变的,这一面叫近地面。

月球是怎样形成的?

科学家认为月球是大约 45 亿年前一颗质量约为地球 1/10 的星球与地球相撞后形成的。在撞击过程中,部分物质从地球上被释放出来,聚集形成了月球。

流星

晴朗的夜晚，我们时常会看到流星划过，有时甚至会看到大片的流星雨落下来，像五彩缤纷的星光一样美丽。有的人会对着流星许愿，把流星当成神灵，其实流星只是星空的尘埃颗粒，跟神灵毫无关系。而且，每天飞向地球的流星多达数十亿颗。

天体小档案

太空中的天体碎片和尘埃

直径：0.1~1厘米

质量：小于1克

进入大气层速度：11千米/秒~72千米/秒

流星是怎么来的?

流星是由太阳系内小型天体（小行星、彗星、行星及卫星）之间相互碰撞所产生的碎片，以及太空尘埃。流星有时会被地球引力捕获，进入大气层。

当这些天体碎片和太空尘埃进入地球大气层时，因摩擦和空气压力而产生的高温会使它们燃烧并发出光亮，于是形成了流星。如果流星的体积较大，它们可能会落到地面上，形成陨石。

原来流星是天体碎片和太空尘埃呀，怪不得我以前许的愿不灵呢!

流星雨是怎么产生的?

彗星在绕太阳运行时会因为受热释放气体和尘埃，从而在轨道上留下一些碎片。如果彗星轨道与地球轨道有交点，当地球运行到交点区域时，大量彗星碎片会被地球引力吸引，从而进入大气层，形成流星雨。

流星中特别明亮的叫作火流星。造成流星现象的宇宙尘埃颗粒叫作流星体，流星和流星体不是一个概念。流星通常非常小，质量不到 1 克，但是比绿豆大一点的流星体进入大气层就会形成肉眼可见的流星。

原来如此!

流星雨通常以星座来命名，例如，狮子座流星雨，但它们并不是来自遥远的星座，而是来自星座在天空所处的区域，所以看起来好像是从某个星座方向迸发出来并流向四面八方。狮子座流星雨一般出现在 11 月中旬。

日食

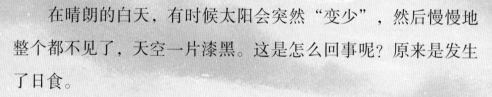

日食大约每45天发生一次，但每次发生的地点都不同。

　　在晴朗的白天，有时候太阳会突然"变少"，然后慢慢地整个都不见了，天空一片漆黑。这是怎么回事呢？原来是发生了日食。

　　日食又叫日蚀，是指太阳被月亮的影子遮盖，其视面变暗甚至消失的现象。当月球运动到太阳和地球中间时，如果三者正好处在一条直线上，月球就会挡住太阳射向地球的光，月球身后的黑影正好落到地球上，于是就发生了日食现象。

日食有哪些类型？

日食分为日全食、日环食、日偏食和全环食四种。日全食是指太阳完全被月球的本影遮住。日环食是指月球运行到远地点，其本影不能到达地球，而是由本影锥延伸的伪本影锥到达地面，此时月球看起来比太阳小，太阳的光球还能被人们看到，就像给月球镶了一道光环，所以叫日环食。日偏食则取决于地球上观测者所处的位置和月球影子的大小。全环食是一种混合日食，即在食带内当日食开始和结束时是环食，而中间有一段时间可以看到全食，这便是全环食。

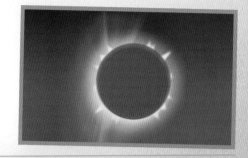

为什么日全食比较少见？

太阳的直径是月球直径的 400 倍，而太阳与地球的距离也是月球与地球距离的 400 倍。由于这种巧合，月球落在地球表面的阴影，其宽度正好可以遮住整个太阳。

日全食只在月球位于近地点时发生，此时月球的本影锥长度比月地之间的距离长，这样本影锥才能扫到地球表面。由于太阳的实际体积比月球大太多，所以日全食通常只能在地球上一块非常小的区域见到，因为月亮的本影对太阳来说只是一个小点。

日食

本影　日全食　日食发生前
月壳　日偏食
太阳　地球　伪本影　日全食
伪本影　本影　日偏食
日食消失

月食

月食和日食一样是一种奇特的天文现象。月食是指满月时月球被地球的影子遮住的现象。月食发生时，地球位于太阳和月球之间，三个天体运行在一条直线上。月食分为月全食、月偏食和半影月食三种。

月食发生时，地球上能看到月球的人都能看到。月全食持续时间大约为 1 小时。

天体小档案

月全食通常在19点到23点之间发生。发生月全食时，月亮不会完全变黑，而会呈现出一个圆环或红色的形状，也就是红月亮。这是落日的光线被地球大气层折射和散射后造成的。

为什么会发生月食？

太阳照射地球会产生阴影，这种阴影叫作地影。地影分为本影和半影两部分，本影是地球完全遮住太阳光线所产生的阴影，半影则指地球部分遮住太阳光线所产生的阴影。

在月球绕地球运行的过程中，有时会进入地影，这时就会发生月食现象。当月球整个都进入地球本影时，会发生月全食；当月球只有一部分进入本影时，会发生月偏食；当月球只

是掠过地球的半影区，造成月面亮度极轻微的减弱时，就会发生半影月食。半影月食很难用肉眼观测到，所以不被人注意。

每年会发生几次月食？

一般情况下每年会发生 2 次月食，最多发生 3 次，有时可能一次都不发生。因为通常月球不是从地球本影上方通过，就是在下方离去，很少穿过或部分通过地球本影，所以一般情况下不会发生月食。

月食一般发生在每月的农历十五前后，也就是满月的时候。此时太阳、地球和月球恰好或几乎在同一条直线上，因此，月球会进入地球的阴影区域，太阳无法照射到月球，从而形成月食。

月食

本影

月球

地球

太阳

半影

人造卫星

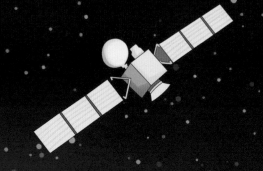

　　地球不仅有一颗天然卫星——月球，还有很多微小的人造卫星，它们是由人类设计制造的，并通过火箭发射到太空，环绕地球运行的无人航天器。按照用途，人造卫星可分为三大类：科学卫星、技术试验卫星和应用卫星。

　　科学卫星主要用于科学探测和研究。技术试验卫星主要用于新技术试验和各种航天器的试验。应用卫星则直接为人类服务，如气象卫星、通信卫星、导航卫星、侦察卫星、广播卫星、测地卫星、地球资源卫星等。

世界上第一颗人造卫星是由哪个国家发射的?

世界上第一颗人造卫星"斯普特尼克1号"(人造地球卫星1号)是由苏联于1957年10月4日发射的。这颗卫星由铝合金制成,呈圆球状,直径58厘米,重83.6千克。它装有4根弹簧鞭状天线,内部装有两台无线电发射机。

"斯普特尼克1号"在轨运行了92天,绕地球飞行约1400圈,运转6000万千米后,于1958年1月4日脱离轨道坠入大气层烧毁,从此宣告人类航天时代的到来。

我国第一颗人造卫星是1970年4月24日由"长征1号"运载火箭发射的"东方红一号"。

什么是导航卫星?

导航卫星是从卫星上连续发射无线电信号,为地面、海洋、空中和空间用户导航定位的人造地球卫星。目前,汽车、飞机、轮船、手机等都安装了卫星导航设备(导航仪),可以通过获取卫星的即时信号来定位目标的准确位置,从而完成导航工作。

目前世界有四大卫星导航系统,分别是美国的全球定位系统(GPS)、欧洲航天局的伽利略卫星定位系统、俄罗斯的全球导航卫星系统(GLONASS)和中国的北斗导航卫星定位系统。

你知道吗?

苏联在成功发射世界上第一颗人造卫星之后,仅过了一个月,一只名叫莱伊卡的狗乘坐"人造地球卫星2号"进入了太空。尽管莱伊卡因太空舱内温度过高仅存活了几个小时,但它证明,生物在太空中是能存活的,并为日后苏联发射载人航天飞船奠定了基础。

运载火箭

运载火箭是用来将各种航天器从地球送入太空的运载工具，一般由多级组成，每一级都包括箭体结构、推进系统和飞行控制系统。运载火箭要想把航天器送入太空，必须达到 28000 千米/时的速度才能克服地球引力进入轨道。达到这么高的速度需要大量燃料作为推力。

苏联R-7
运载火箭

"土星5号"
运载火箭

"阿丽亚娜5号"
运载火箭

"阿特拉斯号"
运载火箭

运载火箭是怎样工作的？

运载火箭的工作原理与牛顿第三定律密切相关，即每个作用力都有一个大小相等而方向相反的反作用力。运载火箭通过喷射高速气体产生反作用力，从而推动自身前进。

由于运载火箭非常巨大、沉重，要克服地球引力，速度就必须达到28000千米/时，这不仅要求喷气速度快，每秒高达4000米，还需要装载超过自身重量15倍的燃料。在飞行过程中，运载火箭可以将燃料用完的空燃料箱抛掉，以减轻重量，从而提高飞行速度。

苏联的R-7火箭最初是导弹，后来改装成运载火箭，发射了世界上的第一颗人造卫星。

运载火箭由哪些部分组成？

运载火箭主要由箭体结构、推进系统和控制系统三个部分组成。

箭体结构是火箭的主体部分，用于承载燃料、氧化剂、载荷及各种辅助系统。推进系统是火箭的动力来源，包括发动机和燃料系统。飞行控制系统则用于控制火箭的飞行轨迹和姿态。这三大系统被统称为运载火箭的主系统。此外，运载火箭上还装有遥测系统、外测系统和安全控制系统等。

小问号？

运载火箭有几种燃料？

运载火箭的燃料有两种，一种是液体，一种是固体。液体燃料必须储存在单独的容器中，需要时在燃烧室中混合，燃烧后产生高温高压气体喷出；而固体燃料则是在点燃后自燃，产生高温气体喷出。

宇宙飞船和航天飞机

　　宇宙飞船是通过运载火箭把航天员、货物送到太空并安全返回的航天器，可分为一次性使用与可重复使用两种。飞船上除了人造卫星基本系统设备，还有生命维持系统、重返地球的再入系统、回收着陆系统等。

　　航天飞机最早是由美国航空航天局研发的一种能够往返地球和太空的可重复使用的航天器。它既能像运载火箭那样垂直起飞，又能像飞机那样返回大气层后在机场着陆。

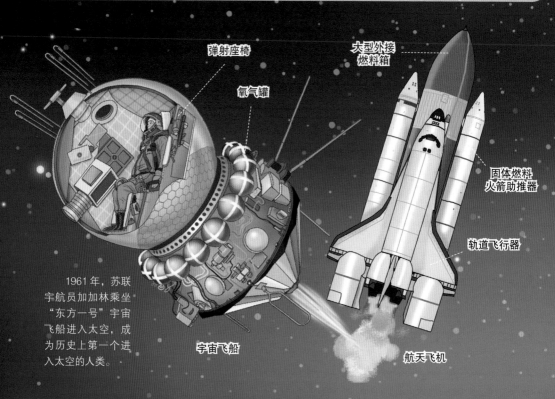

弹射座椅

氧气罐

大型外接
燃料箱

固体燃料
火箭助推器

轨道飞行器

1961年，苏联宇航员加加林乘坐"东方一号"宇宙飞船进入太空，成为历史上第一个进入太空的人类。

宇宙飞船

航天飞机

航天飞机由哪几个部分组成?

航天飞机主要由三个部分组成:轨道飞行器、大型外接燃料箱和两个固体燃料火箭助推器。轨道飞行器用来运载机组人员和货物。大型外接燃料箱为轨道飞行器提供燃料。固体燃料火箭助推器在最初两分钟内为航天飞机提供主要推力。除外接燃料箱外,另外两个组成部分都可以被重复利用。

航天飞机的三个组成部分,只有轨道飞行器能够进入太空,其他两个组成部分在飞行过程中会被分离并丢弃。

宇宙飞船和航天飞机有什么区别?

首先,宇宙飞船是一次性使用的航天器,用于执行特定任务,如运送宇航员到空间站或执行深空探测任务。而航天飞机是一种可重复使用的航天器,可以多次执行任务,如运送宇航员、货物进行太空维修和科学实验等。

其次,宇宙飞船的结构和设计相对简单,因为它只需要执行单一任务。而航天飞机的结构和设计更为复杂,因为它需要重复使用,并在不同的任务中进行不同的操作。航天飞机通常具有复杂的机械臂、货舱和多个发动机,以便在轨道上执行各种任务。

最后,宇宙飞船和航天飞机的发射与着陆方式也不同。宇宙飞船通常使用运载火箭发射,并在完成任务后返回大气层。而航天飞机则使用垂直起飞和类似传统飞机的着陆方式。

没想到吧?

轨道飞行器是航天飞机的核心部分,可以运载重达25吨的有效载荷,并且很像一架大型三角翼飞机。轨道飞行器前端是宇航员的座舱,这里高度密封,有宇航员生活所需要的空气,还有空气调节设备,可以使舱内的空气条件与地面基本一致,温度和湿度也保持适宜。

空间站

空间站又叫太空站、轨道站或航天站，是人类在太空建造的"驿站"。它可以和航天器对接，供多名航天员在这里长期生活和工作，并进行各项科学实验。空间站通常由对接舱、气闸舱、轨道舱、生活舱、服务舱、专用设备舱和太阳电池翼等部分组成。

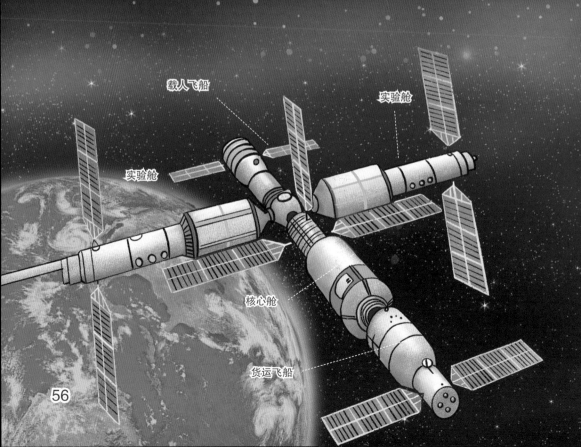

载人飞船

实验舱

实验舱

核心舱

货运飞船

空间站可以做什么？

空间站是太空科学实验室，是人类在太空进行科学研究的实验平台。空间站的各个组成部分都具有各自不同的用处。

对接舱主要用于停靠载人飞船或其他飞行器，一般有数个对接口。气闸舱是航天员出入空间站的通道。轨道舱是宇航员的主要工作场所。生活舱是供宇航员进餐、睡眠和休息的地方，舱内一般设有卧室、餐厅、卫生间等。

服务舱内一般装有推进系统、气源、电源等设备，为整个空间站服务。专用设备舱是根据飞行任务而设置的安装专用仪器的舱段。太阳电池翼为站内各种仪器设备提供电源。

我国的天宫空间站由天和核心舱、梦天实验舱、问天实验舱、"神舟"系列载人飞船和"天舟"系列货运飞船五个模块组成。

国际空间站是目前世界上最大的空间站吗？

国际空间站是目前世界上最大的空间站。国际空间站于 1998 年正式建站，由美国、俄罗斯、加拿大、日本、巴西和 11 个欧洲航天局成员国（法国、德国、意大利、英国、比利时、丹麦、荷兰、挪威、西班牙、瑞典、瑞士）合作建造。国际空间站宽（桁架）109 米，长（加压模块）88 米，运行高度 385 千米（地球表面以上），并于 2010 年全面投入使用。

国际空间站最引人注目的是它的 8 对太阳能电池板，每块电池板长 73 米，比波音 777 飞机的翼展还长。

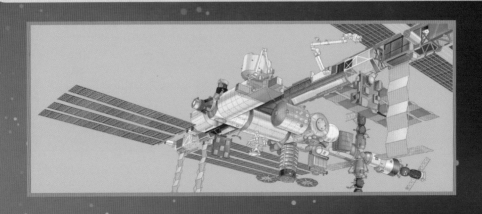

太空生活

自从 1961 年苏联宇航员尤里·加加林乘坐"东方一号"宇宙飞船进入太空，人类就开启了太空生活的时代。在太空中生活，宇航员需要面对许多挑战，如适应失重环境、处理废物、应对紧急情况等。他们需要依靠航天器的生命维持系统来提供氧气、水、食物等必需品，同时需要依靠航天服来保障自己在太空中的安全。宇航员在太空中也需要进行各种实验和研究，以了解太空环境对生命和物质的影响，为未来的太空探索提供基础。

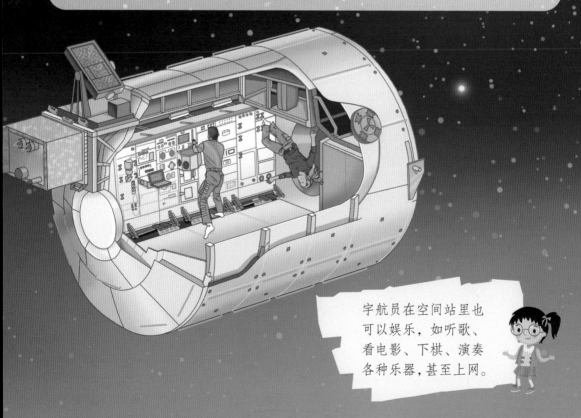

宇航员在空间站里也可以娱乐，如听歌、看电影、下棋、演奏各种乐器，甚至上网。

宇航员在太空是如何生活的？

宇航员在太空中处于失重状态，生活环境状态与地球上有很大不同。

吃饭时，宇航员需要把自己固定在位置上才能进餐，使用的餐具也要放在有磁性的太空桌上。洗脸时，只能用一块湿毛巾来擦脸。洗澡时，要用特制的浴桶，把双脚固定在舱壁上，戴上面罩，避免吸进因失重而漂浮的污水。上厕所时，必须打开抽风装置，这样才能使排泄物一旦离开人体便向下运动，而不会散落到装置之外。睡觉时，要钻进固定的睡袋中才能睡觉。

此外，宇航员在太空还需要每天锻炼两次身体，每次1小时，以免因失重导致肌肉萎缩和骨质流失。

我国航天员在天宫空间站的食物有什么？

我国航天员在天宫空间站的食物非常丰富，有120多种航天食品，包括主食、副食、饮料等。其中，主食包括粳米粥、椰蓉面包、炒饭、炒面等，副食包括各种菜品和调味品，如鱼香肉丝、宫保鸡丁、酸辣笋、土豆牛肉、玉米肠、雪菜兔肉、西红柿鸡蛋汤等，饮料包括各种茶和果汁等。此外，为了满足航天员的个性化需求，科研人员还会根据他们的口味、喜好定制食谱。例如，为山东籍的航天员准备海鲜食品，为四川籍的航天员准备偏辣的食物等。

你知道吗？

在太空，人体的血液由于微重力而四处流动，不像在地球上因为重力而向下流动，这样会使人的血液循环系统出现紊乱，导致身体各个部位血压相等，从而使血液冲进头部造成肿胀。运动有助于缓解这种"太空充血"状况。

太空行走

　　航天员在太空工作、生活，不仅是待在舱内，有时还需要出舱进行活动，这就是太空行走。太空行走不像在地球上行走那么容易，它是一项相当危险的活动，因为舱外既缺少空气，又有来自太空的高能量辐射，以及极端温度和高速飞行的太空碎片的威胁。但是太空行走又是不可缺少的，因为航天员需要对航天器进行维修或安装新的设备。

航天服是什么样的衣服？

航天服是航天员在太空执行任务时所穿的可保障生命安全的特殊服装，包括舱内航天服和舱外航天服。

舱内航天服是航天员在载人飞船中的压力应急救生装备，一般在待发段、上升段、返回段、变轨、交会对接过程中或飞船出现压力应急时使用，以保障航天员的生命安全。舱外航天服是航天员出舱活动时使用的个体防护装备，相当于小型航天器，用于生命和作业保障。

背包由天线通信机和生命保障系统组成。

头盔面窗分为两层：外层是滤光面窗，外镀黄金，用来反射光和热；内层防护面窗有两层，可以隔热和防结雾。

外套由耐磨的特殊合成纤维制成。

航天员是怎样进行太空行走的？

当航天员进行太空行走时，必须穿上舱外航天服，以保护自己免受极端温度和太空辐射的影响。舱外航天服配备载人机动装置，它带有高压氮气和若干个喷氮气的推力器。推力器安装在"座椅"的不同位置和不同方向。载人机动装置的两个扶手配备允许在所有方向上移动的控制装置。

另外，航天员还需要依靠固定在飞船外面的绳索来进行移动，以免不小心飘离飞船而无法返回。航天员若无法返回，就会在空荡黑暗的太空中慢慢死去。

超神奇！

我国的飞天航天服有 6 层，从里到外依次是：舒适层，由特殊防静电处理的棉布织成；备份气密层，由橡胶制成；主气密层，由复合关节结构组成；限制层，由涤纶面料制成；隔热层，通过热反射来实现隔热；外防护层，由玻璃纤维和特殊的合成纤维制成。

登月

月球是离地球最近的天体，也是人类一直渴望登陆的天体。1969年7月16日，"阿波罗11号"飞船从美国卡纳维拉尔角由"土星5号"运载火箭送入太空，开启了人类登月的征程。经过5天的地月旅程，7月21日，宇航员阿姆斯特朗成功登陆月球，标志着人类登月时代的到来。此后，美国又进行了5次登月，总共有12人登上月球。

上升级

下降级

登月舱

阿波罗飞船由几个部分组成？

阿波罗飞船由三个部分组成，包括指挥舱、服务舱和登月舱。指挥舱是全飞船的控制中心，也是航天员在飞行中生活和工作的座舱。服务舱前端与指挥舱对接，后端有推进系统主发动机喷管，为飞船提供燃料。

登月舱由下降级和上升级组成。上升级由宇航员座舱、起飞发动机、推进剂贮箱、反应控制系统及雷达、通信天线组成，下降级由着陆发动机、四条着陆腿、登月设备、燃料贮箱、雷达、天线等组成。宇航员完成任务，乘上升级离开月球；下降级被抛弃在月球上，因为它已经没有用了。

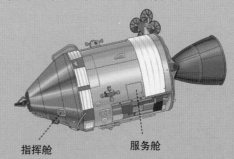

指挥舱　　　　　服务舱

我国什么时候载人登月？

2023 年 5 月，中国载人月球探测工程登月阶段任务已启动实施，计划在 2030 年前实现中国人首次登陆月球。

在实现载人登月之前，我国从 2004 年开始，实施了著名的嫦娥探月工程，分"绕、落、回"三步走。其中"嫦娥一号""嫦娥二号"实现了绕月探测，"嫦娥三号"实现了月球着陆，"嫦娥四号"实现了月球背面着陆，"嫦娥五号"实现了月球采样返回。

2024 年 5 月 3 日，"嫦娥六号"探测器由"长征五号"运载火箭在我国海南文昌航天发射场成功发射。这将是人类第一次从月球背面采样返回。

图书在版编目（CIP）数据

揭秘宇宙 / 梦学堂编 . -- 北京：北京日报出版社，
2024.6
　（带着科学去旅行：中国少年儿童百科全书）
　ISBN 978-7-5477-4763-6

　Ⅰ . ①揭… Ⅱ . ①梦… Ⅲ . ①宇宙－少儿读物 Ⅳ .
① P159-49

中国国家版本馆 CIP 数据核字（2023）第 254815 号

带着科学去旅行：中国少年儿童百科全书
揭秘宇宙

责任编辑： 辛岐波
出版发行： 北京日报出版社
地　　址： 北京市东城区东单三条 8-16 号东方广场东配楼四层
邮　　编： 100005
电　　话： 发行部：（010）65255876
　　　　　　总编室：（010）65252135
印　　刷： 新生时代（天津）印务有限公司
经　　销： 各地新华书店
版　　次： 2024 年 6 月第 1 版
　　　　　　2024 年 6 月第 1 次印刷
开　　本： 710 毫米 × 1000 毫米　1/16
总 印 张： 40
总 字 数： 588 千字
定　　价： 248.00 元（全 10 册）